矿井灾害应急逃生手册

KUANGJINGZAIHAIYINGJITAOSHENGSHOUCE

王晋忠 著

 应急管理出版社

图书在版编目（CIP）数据

矿井灾害应急逃生手册／王晋忠著． –– 北京：应急
管理出版社，2023

ISBN 978 – 7 –5020 –9807 – 0

Ⅰ . ①矿⋯　Ⅱ . ①王⋯　Ⅲ . ①矿山事故—自救互救—
手册　Ⅳ . ①TD77 –62

中国国家版本馆 CIP 数据核字（2023）第 048268 号

矿井灾害应急逃生手册

著　　者	王晋忠
责任编辑	赵金园
责任校对	张艳蕾
封面设计	解雅欣

出版发行　应急管理出版社（北京市朝阳区芍药居 35 号　100029）
电　　话　010 – 84657898（总编室）　010 – 84657880（读者服务部）
网　　址　www. cciph. com. cn
印　　刷　天津嘉恒印务有限公司
经　　销　全国新华书店

开　　本　710mm×1000mm$\frac{1}{16}$　　印张　15$\frac{1}{2}$　字数　100 千字
版　　次　2023 年 3 月第 1 版　2023 年 3 月第 1 次印刷
社内编号　20230124　　　　　　定价　98.00 元

前 言

　　煤矿井下灾害事故易发多发，如一头"猛虎"，时刻威胁着矿工生命安全和矿井生产安全。如何精准、科学、有效地遏制事故发生，是长期以来煤矿安全生产领域专家学者、技术人员一直探索研究的重大课题。随着煤矿生产方式的转变和科学技术的进步，采煤方式从最初的人工采煤，逐步发展到半机械化、机械化、综合机械化开采，再到现在的智能化开采，这些猛如虎的灾害事故在智能管理和科学技术的铁笼中被"关"得越来越紧，但灾害事故仍然在零星发生。

　　回顾"老虎吃人"的数据档案，教训惨痛。如2021年山西某矿"6·10"透水事故，惊慌失措的矿工们跑错了路线，迷失了方向……痛定思痛，若能将"猛虎"消灭于隐患之时，使矿工掌握隐患辨识的本领，拥有应急逃生的技能，危难之时不慌乱，定可虎口脱险。

　　本手册以煤矿井下水灾、火灾、瓦斯（煤尘）爆炸、煤与瓦斯突出、顶板灾害等五大自然灾害应急处置、应急避险逃生及各种伤员的急救为主要内容，语言力求生动、通俗、简明；图幅融合手绘和电脑绘制两者的特点，色彩明暗对比强烈。图文并茂，以凸显手册的实用性、趣味性、可操作性。希望读者通过阅读本手册，可以掌握一些矿井灾害应急逃生方面的基本方法、基本技能，面对险情，临危不惧。

　　由于作者编创水平有限，定有诸多纰漏和不足，敬请广大煤矿安全生产战线上的专家学者和矿工朋友们批评指正！

　　愿筑安厦千万间，天下矿工俱欢颜！

王晋忠

2023年2月于中国煤矿安全技术培训中心

目 录

第一系列 水灾应急处置与应急逃生

矿井透水水源主要包括地表水、含水层水、断层水、老空水等。井下作业人员应掌握透水规律，发现透水预兆时，及时有效避险。特别是在事故发生后，要立即停止作业，撤出人员，及时报告，发出警报，科学躲避，坚定信心，积极自救互救。如高冒处避灾、用裤带紧固支架、打通联络巷等都是有效的逃生方法。1991年6月江西某矿，1名瓦斯检查员躲到下平巷的高冒处，11h后成功获救。2010年王家岭矿"3·28"透水事故，分布在低于透水点水平巷道的遇险人员，想方设法打通联络巷，进入更高、更安全的地点，成功脱险。

一、矿井透水主要预兆

（1）"挂红、挂汗"：巷道壁或煤壁"挂红、挂汗"，发生"水叫"。

（2）**出现雾气：**采掘工作面温度下降，空气和煤层变冷、煤层发潮发暗，出现雾气。

（3）出现 "水线"：采掘工作面顶板淋水加大，出现 "水线"。

（4）**底板鼓起：**底板鼓起，水色发浑，有臭味。

（5）有害气体增加：采掘工作面有害气体如瓦斯、二氧化碳、硫化氢增加，氧含量下降。

二、水灾应急处置

（1）**详细汇报**：汇报时，将发现透水地点、现场作业人数、具体特征等情况详细说清楚。

9801进风巷

（2）**启动预案：**调度室接到事故报告后，应立即启动应急响应，通知撤出井下受威胁区域人员，迅速组织开展救援，按规定向上级有关部门和领导报告。

（3）**清点人数：**严格执行抢险期间的入井、升井制度，安排专人清点升井人数，确认未升井人数。

（4）**通报水情：**通知相邻可能受水害波及的其他矿井，并按规定向上级有关领导和部门报告。

（5）**开展救援：** 迅速组织救援力量，调集队伍，采取一切可能的措施，在确保安全的情况下，积极抢救被困遇险人员，防止事故扩大。

（6）分析水情：查清透水地点、性质，估计透水量、水位和补给水源，确定透水影响程度。

9801进风巷

（7）**判定位置：**根据遇险人员数量及事故前分布地点、事故后撤退时可能遇到的情况，判定遇险人员所在位置，估算生存时间。

（8）**供氧施救：**利用压风管、水管等设施及打钻孔等方法，与被困人员取得联系，给遇险人员输送新鲜空气、饮料和食物。

防水闸门

（9）**关闭闸门**：发生透水后，在确认人员全部撤离后，如果透水量超过矿井排水能力，可关闭防水闸门，或在适当位置构筑挡水墙。

（10）下部放水：矿井透水量超过排水能力，全矿和水平存在被淹危险时，在下部水平人员救出后，可向下部水平或采空区放水。

　　（11）堵口防水：如果下部水平人员尚未撤出，主要排水设备受到被淹威胁时，可用装有黏土、砂子的麻袋构筑临时防水墙，堵住泵房口和通往下部水平的巷道。

（12）综合排水：采取排、疏、堵、放、钻等多种方法，全力加快灾区排水。综合实施加强井筒排水、向无人的下部水平或采空区放水、钻孔排水等措施。

（13）**断电通风**：排水时，应切断灾区电源，加强通风，监测瓦斯、二氧化碳、硫化氢等有害气体浓度，防止有害气体中毒，防止瓦斯浓度超限引起爆炸。

三、水灾应急逃生

（1）**停止作业：**发现透水时，应立即停止作业，撤离作业地点，现场负责人等应立即向矿调度室汇报情况。

（2）**选择路线：** 发生透水后，现场作业人员应立即避开水头，如果是老空或老窑透水，应佩戴自救器迅速撤离灾区。

避水灾路线

（3）**看清标识：**撤退时，遇险人员应看清水灾避灾标识，沿着路线标识往高处撤退。

避水灾路线

（4）**有序撤离**：其他区域作业人员和零散人员，应按照语音广播应急指令，在现场跟班领导和班组长的组织下有序撤离到安全地带。

（5）**注意反风**：遇险人员应特别注意透水后产生的反风现象，防止迎风撤退而误入歧途。

　　（6）打开通道：分布在低于透水点水平巷道的人员，应想方设法打通联络巷，进入更高、更安全的地点。如 2010 年王家岭矿"3·28"透水故事，遇险人员用此法成功脱险。

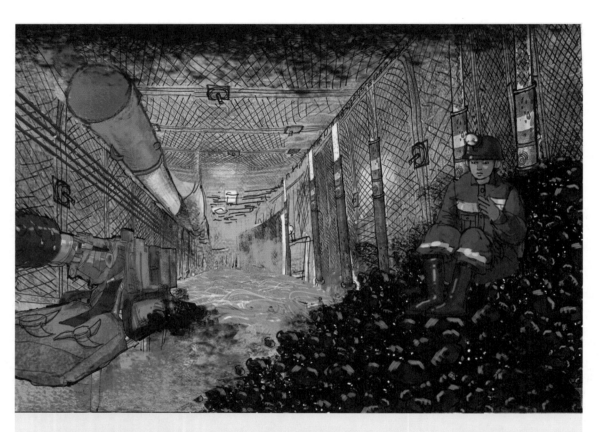

（7）**高冒处避险：**当现场人员被涌水围困无法退出时，或处在透水点下部巷道来不及撤离时，应迅速躲到上倾斜独头巷道的高冒处避险。

　　（8）**吊挂风帘**：如是老窑透水，则须在避难硐室外建临时挡墙或利用风筒等吊挂风帘，防止被涌出的有毒有害气体伤害。

（9）**抓帮自救：**在突水迅猛、水流急速、来不及转移躲避时，要立即抓牢棚梁、棚腿或其他坚固物体，防止被涌水打倒或冲走。

（10）**矿车逃生**：来不及撤退，现场有矿车时，要坐进矿车里，避险待救。如 2010 年王家岭矿"3·28"透水事故，矿车里 4 名避难人员获救。

（11）**行进标志**：在撤退沿途和所经过的巷道交叉口，应留设指示行进方向的明显标志，以引起救援人员的注意。

　　（12）减少消耗：躲避地点为上山独头巷道，被水封堵时，千万不能慌乱，要静卧，以减少体力和氧气消耗。避难地点出现有毒有害气体时，要立即佩戴自救器。

（13）放置标志：应在构筑的避险空间外留设矿灯、衣物等明显标志。

（14）**坚强自救：**在避灾期间，做好长时间避灾的准备，应有计划地使用矿灯照明。遇险人员应保持良好的精神状态，尽可能地作到情绪稳定、自信乐观、意志坚定。

（15）**观察灾情：** 安排人员轮流观察水情；检测到气体浓度变化，在无法确认安全时，应佩戴自救器。

（16）传递信号：被困期间，若救援队采用钻孔救援时，被困人员应通过敲击钻孔钻杆、捆绑铁丝等方式向地面传递生命信号。

（17）**饮水自救**：被困期间，无法使用供水自救系统，只能饮用井下水时，可用毛巾或衣服过滤。

（18）**切勿激动**：长时间被困人员，看到救援人员来到后，千万不能过分激动，到达地面后也不要马上见亲人，以防情绪过激引发血管破裂。

　　（19）现场急救： 抢救溺水人员时，应首先清理其口腔异物，可单腿跪立，将伤员头朝下，胸腹部放在大腿上。同时，用手按压伤员背部，排出体内积水。然后，视伤员情况再进行人工呼吸或心肺复苏。

　　（20）保护眼睛：抢救长时间被困在井下的遇险人员，出井口时，应用纱布、衣物遮盖住其双眼。

第二系列 火灾应急处置与应急逃生

　　矿井火灾根据热源不同分为内因火灾（由于煤炭或者其他易燃物质自身氧化蓄热，发生燃烧而引起的火灾）和外因火灾（如明火点、爆破、电流短路、摩擦与撞击等产生火花引起的火灾）。在有瓦斯或煤尘爆炸危险的矿井中，火灾易引起瓦斯或煤尘爆炸。

　　每一位井下作业人员，都应正确掌握各种灾害的预兆及避险逃生方法，做到"三个正确"，即正确的理念、正确的判断和正确的方法。如 2019 年山东某矿采掘工作面发生火灾事故，在大火封堵退路的情况下，遇险作业人员利用风筒作为逃生通道，成功脱险。

一、火灾初识

（一）煤炭自燃的预兆

（1）传感仪器有报警，一氧化碳必现形。

（2）煤壁支架挂"汗珠"，巷道出现雾气腾。

（3）热源温度在升高，空气温度也上升。

（4）煤油汽油焦油味，气味蔓延风流中。

（5）矿工头痛又头晕，浑身疲乏不得劲。

（二）矿井火灾发生的条件

（1）火灾发生"三兄弟"，燃物热源和氧气。

（2）煤炭自燃"三姐妹"，倾向供氧热积聚。

（三）矿井火灾的危害

（1）火灾生成有毒气，吸入危及人性命。

（2）火灾产生火风压，风流紊乱易爆炸。

（3）矿井火灾生高温，灼烧爆炸危害大。

二、火灾应急处置

（一）矿井内因火灾处置

（1）**停止作业：** 发现自然发火预兆时，应停止作业，撤出受威胁区域人员后，迅速报告矿调度室。

（2）直接灭火：发生自燃火灾时，应立即采取有效措施进行直接灭火。

（3）**封闭火区：**当直接灭火无效或者采空区有爆炸危险时，必须撤出人员，封闭火区。

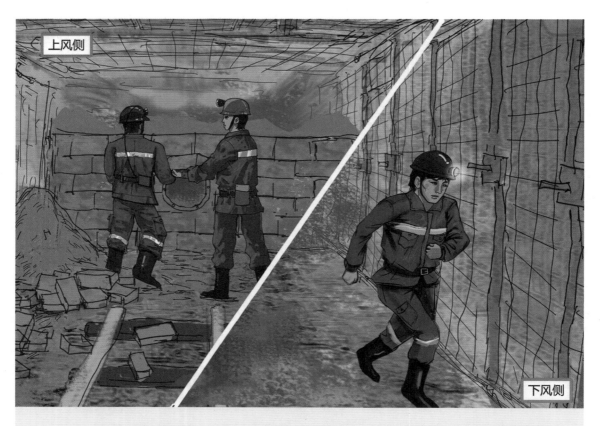

上风侧

下风侧

（4）撤人灭火：巷道高冒区、煤柱（煤壁）破碎区发生自燃火灾时，应采取下风侧撤人，上风侧封堵、注水、注浆（胶）等直接灭火措施灭火。

（5）**惰气灭火**：封闭的火区（或发生自燃火灾的其他密闭区），应采取措施减少漏风，并向密闭区域内连续注入惰性气体，保持密闭区域氧气浓度不大于 5.0%。

（6）完善措施：灭火过程中应当连续观测火区内气体、温度等参数，完善灭火措施，使火区达到熄灭标准。

（二）矿井外因火灾处置

（1）撤离报告：发现火灾，现场应立即停止作业，紧急撤离，并将火灾地点、性质、灾区通风和瓦斯等情况，迅速报告矿调度室。

（2）组织抢救：矿调度室接到火灾事故汇报后，应立即启动应急预案，组织矿山救护队伍进行现场抢险救灾。

（3）直接灭火：矿调度室和现场负责人应将所有可能受火灾威胁区域中的人员撤离，在安全的情况下，立即采取直接灭火措施，控制火势。

（4）**专人检查：** 抢救人员和灭火过程中，必须指定专人检查瓦斯、一氧化碳等有害气体浓度和风向、风量的变化，并采取防止爆炸和人员中毒的安全措施。

　　（5）立即撤离：当瓦斯浓度达到 2.0% 以上并继续升高时，全部人员应立即撤离至安全地点并向矿调度室报告。

（6）切断电源：电气设备着火时，应当首先切断其电源。

（7）扑灭火灾：扑灭油料和电气设备火灾，在火势不大或刚发生时，用砂子（岩粉）、化学灭火器等灭火。严禁用水和泡沫灭火器。

（8）用水灭火：水源充足，瓦斯浓度不超 2.0%，灭火时应从火源外围喷射，逐步逼向火源的中心。同时，必须有充足的风量和畅通的回风，防止水煤气爆炸。

（9）隔绝灭火：难以接近火源时，或者用直接灭火方法无效、灭火人员存在危险时，采用隔绝方法灭火。

（10）防止逆转：处理上、下山火灾时，要防止因火风压造成风流逆转，人员撤离时不应向上前行。

（11）反风撤人：处理进风井井口、井筒、井底车场、主要进风巷和硐室火灾时，应进行全矿井反风。反风前，必须将火源进风侧的人员撤出，并采取阻止火灾蔓延的措施。

　　（12）固定矿车：处理绞车房火灾时，应当将火源下方的矿车固定，防止烧断钢丝绳造成跑车伤人。

（13）**断电防爆**：处理蓄电池电机车库火灾时，应当切断电源，采取措施，防止氢气爆炸。

三、火灾应急逃生

（一）发现火灾预兆时的避险逃生

（1）依法避险：《安全生产法》第五十五条规定，从业人员发现直接危及人身安全的紧急情况时，有权停止作业或者在采取可能的应急措施后撤离作业场所。

（2）撤离险区：《煤矿安全规程》第六百八十三条规定，煤矿发生险情或者事故时，井下人员应当按照应急救援预案和应急指令撤离险区，在撤离受阻的情况下紧急避险待救。

（3）**报告险情**：现场负责人应将灾情地点、人数、采取的措施、巷道情况、瓦斯浓度、风流及火灾烟气蔓延方向等汇报清楚。

（4）应急通知：矿调度室应通过语音广播系统发布应急指令，撤离受威胁区域的作业人员。

（5）有序撤离：险情危及人身安全时，现场作业人员应迅速有序撤离到安全地点。

（二）发生火灾事故后的应急逃生

（1）**紧急避险**：火灾发生在进风井口或井底车场时，受灾害威胁区域的人员应佩戴好自救器到就近救生舱或避难硐室避险待救。

避火灾、瓦斯（煤尘）爆炸路线

（2）选择路线：发生火灾后，遇险人员应根据自己所在巷道地点，看清楚火灾避灾路线指示标识，选择正确的方向和路线进行撤离。

　　（3）不要惊慌：遇险人员应保护好"定位卡"。撤离时不要惊慌更不能狂奔乱跑，应在现场负责人的带领下有序撤离。

（4）自救补给：在自救器有效作用时间内不能安全撤出时，应选择最短的避灾路线，到自救器补给的硐室更换自救器后再撤离。

（5）**压风自救**：逃生途中，如果自救器发生故障或不能到达自救器"补给站"时，应选择有压风管路或压风自救装置的地点，打开其阀门避险自救。

避火灾、瓦斯（煤尘）爆炸路线

（6）迎风撤离：位于火源进风侧的人员，应迎着新鲜风流撤离。

　　（7）佩戴自救器：位于火源回风侧的人员遇到烟气有中毒危险时，应迅速佩戴自救器，选择最短的路线撤到新鲜风流地点。

（8）**穿过火区：**如果距火源较近且越过火源没有危险时，也可迅速穿过火区撤到火源的进风侧。

（9）**降温撤退：** 在高温浓烟的巷道撤退，应采取打开供水管浸湿毛巾、衣物或向身上淋水等办法进行降温，或是利用随身物件等遮挡头部、面部，以防高温烟气的刺激。

（10）一侧行进：撤离时应靠巷道有联通出口的一侧行进，并随时注意出口的位置，避免错过脱离危险区的机会。

（11）风筒逃生：如火灾发生在掘进巷道，由于火势较大封堵退路无法穿越火点时，应设法利用通风正常的风筒作为逃生通道，有序穿过火点进行逃生。

（12）摸帮撤离：在烟雾大、视线不清的情况下，应摸着巷道帮、铁管或管道等撤离前行，防止错过联通出口。

（13）旁侧避灾：当发现有爆炸预兆时，应立即进入旁侧巷道。

（14）背向爆源：如果情况紧急，应迅速背向爆源，就地俯卧，用双臂护住头面部。

（15）选择地点：撤离受阻，无法到达避难硐室时，应选择联络巷风门之间的巷道等适合建造临时避难硐室的地点避险。

（16）**构筑硐室**：为防止有毒有害气体侵袭，应利用风筒布、溜槽和衣服及木板等构筑临时避难硐室，将硐室入口堵严，进行避险自救。

　　（17）放置标记：硐室避险时，应将矿灯、衣物等标识物，放置于避难硐室外明显地点，以便救护人员发现。

（18）听从指挥：硐室避险人员应听从指挥，有计划地饮水，人人都要静卧室内，以减少呼吸量。

第三系列 瓦斯（煤尘）爆炸应急处置与应急逃生

　　矿井瓦斯是井下有害气体的总称，其主要成分为甲烷。瓦斯不助燃，但当它与空气混合达到一定浓度时，遇到火源可以燃烧、爆炸。瓦斯爆炸会产生高温、高压、冲击波，并放出有毒气体。瓦斯爆炸是煤矿中最严重的灾害，具有较强的破坏性、突发性，往往造成大量的人员伤亡和财产损失。在处理瓦斯爆炸事故的过程中，如果处理方法不当，要点把握不准，还可能发生多次瓦斯爆炸，造成事故扩大。因此，了解并掌握瓦斯爆炸事故处理的方法，把握其技术要点、难点，科学决策，果断指挥，对争取救灾时机、控制事故范围、减少人员伤亡和财产损失，具有十分重要的作用。

瓦斯

一、瓦斯初识

（一）矿井瓦斯的来源

（1）矿井瓦斯来自煤层和煤系地层，以及从采落下来的煤中放出。

（2）从采空区内散发出。

（3）从采掘工作面的煤壁和巷道两帮及顶板涌出。

（二）矿井瓦斯的性质

（1）**品无毒，性轻浮，易积聚。**眼看不见、手摸不着、鼻嗅不到。比空气轻，对空气的相对密度为 0.554。盲巷、老空区易聚积，通风俗称"瓦斯库"。

（2）**易发火，脾气暴，遇到火源就燃爆。** 当瓦斯与空气混合达到一定浓度时，遇到火源就能燃烧或发生爆炸。

　　（3）**易扩散，难溶水，强渗透**。盲巷、老空区和密闭内的瓦斯比二氧化碳易于向外扩散。在煤层中有极强的渗透性。

（三）矿井瓦斯的危害

（1）稀释空气氧含量，缺氧窒息把命丧。一般来说，如果空气中瓦斯含量升高，那么氧含量就会降低，人员会因缺氧而窒息。

（2）矿井瓦斯危害大，它会燃烧和爆炸。如果空气中瓦斯含量达到 5%~16%，氧含量超过 12%，遇到高温热源则会发生瓦斯爆炸。

（3）瓦斯突出要提防，窒息淹没人遭殃。在具备一定条件的区域会发生瓦斯突出事故。

（四）矿井瓦斯爆炸的预防

（1）防止瓦斯的积聚。

（2）防止出现点火源。

闭墙

（3）加强瓦斯检查和检测。

（4）加强通风管理。

（五）瓦斯爆炸有预兆
风流震荡伴耳鸣。

（六）瓦斯爆炸有条件

浓度、氧气、引火源。

下限浓度45g/m³
上限浓度1500∽2000 g/m³

一般为700∽800℃

氧气浓度不低于18%

（七）煤尘爆炸有条件
浓度、温度、氧浓度。

二、瓦斯爆炸应急处置

（1）启动预案：调度室接到灾害报告后，应立即启动应急响应，通知矿山救护队、当地医疗机构等相关单位，迅速组织开展救援，按规定向上级有关部门和领导报告。

避火灾、瓦斯（煤尘）爆炸路线

　　（2）撤离险区：调度室应通过语音广播系统或通信联络、人员定位、监测监控等安全避险系统，组织涉险人员撤离险区。

（3）**断电撤人：**按规定切断灾区及其影响范围内的电源（掘进工作面局部通风机电源除外），防止再次爆炸。

入井口

（4）**清点人数**：严格执行抢险救援期间的入井、升井制度，安排专人清点升井人数，确认未升井人数。

　　（5）直接灭火：局部瓦斯爆炸引起火灾时，应当视火灾性质、灾区通风和瓦斯情况，立即采取一切可能的方法直接灭火，控制火势，并迅速报告矿调度室。（火灾处置可参看第一系列）

三、瓦斯爆炸应急逃生

（1）发现预兆：背向爆源，俯卧地，捂口鼻，防止火焰吸入肺。

（2）佩戴自救器：爆炸过后急撤离，赶紧佩戴自救器。

避火灾、瓦斯（煤尘）爆炸路线

（3）认清方向：辨明方向和标识，选择路线是第一。

（4）**安全汇报：** 发现瓦斯爆炸的人员应当就近首先向矿调度室报告，如实地将瓦斯爆炸事发地点、影响范围、人员伤亡情况，以及抢救撤离的措施方法等说清楚。

（5）统一行动：瓦斯爆炸发生后，现场带班领导、班组长等现场负责人，应当按照避灾路线，统一组织撤离。严禁各行其是，盲目撤离。

（6）**撤离避难**：爆炸发生后，遇险人员应佩戴自救器，现场负责人应组织人员向就近的避难硐室撤离。

（7）**自救补给：** 在自救器有效作用时间内不能安全撤出时，应选择最短的避灾路线，到自救器补给的硐室更换自救器后再撤离。

（8）**迎风撤离**：爆炸发生在采掘工作面地点时，如果进回风巷道没有发生垮落，通风系统破坏不大，所产生的有害气体较易被排除，此时，处在进风侧的人员应迎风撤出灾区。

避火灾、瓦斯（煤尘）爆炸路线 →

　　（9）**选择路线：**回风侧的人员要迅速佩戴自救器，设法经最短路线按照避灾路线标志撤退到避难硐室或新鲜风流地点。

（10）**安全避险：**若巷道及支架破坏严重，不知撤退是否安全时，应到支护相对较完整的地点避险。

（11）**压风自救**：如果退路受阻，应佩戴自救器，到有压风管路或压风自救装置的地点，打开其阀门避险自救，等待救援。

　　（12）临时避灾：巷道遭到破坏，退路被阻，应佩戴自救器，千方百计疏通巷道或利用一切可能的条件（如利用风筒等）建造临时避难空间。

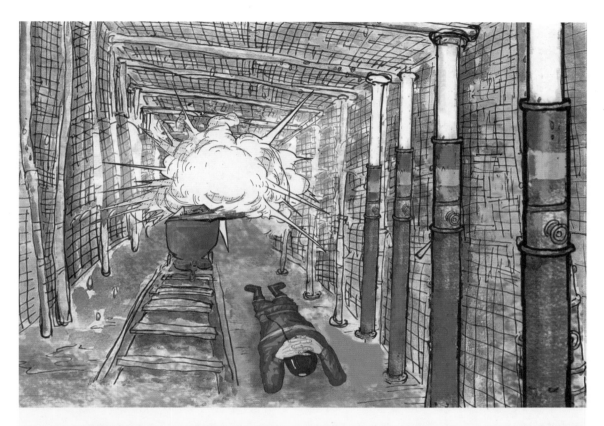

　　（13）俯卧底部：在临时避难地点避险时，尽量俯卧于巷道底部，并避免吸入更多的有毒有害气体。

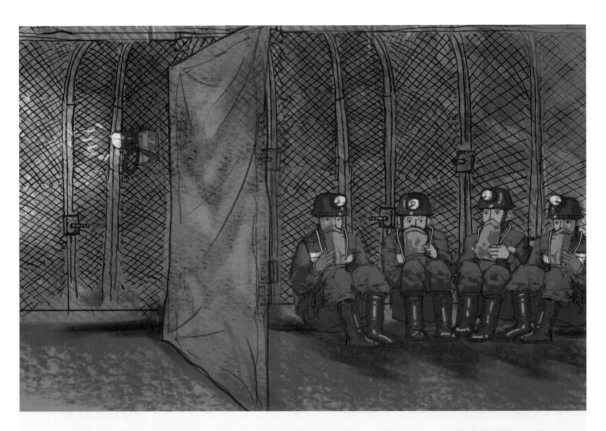

（14）放置标识：撤退受阻，在临时避难硐室避险时，应将矿灯、衣物等标识物，放置于避难硐室外面明显地点，在室内静卧待救。

（15）**轮流照明：**被困待救时，应只留一盏矿灯照明，其余矿灯应全部关闭，轮流照明，以备逃生急用。

（16）**互救撤离**：发生瓦斯爆炸后，对于能行走的遇险伤员，应给其佩戴自救器，帮助撤出险区。

　　（17）**积极救助：**不能行走的伤员，如距离较远，应为其佩戴自救器，撤出灾区的人员应立即向矿调度室报告。

（18）等待救援：对撤离到避难硐室的受伤严重的遇险人员，应细心照顾，等待救援。

第四系列 煤与瓦斯突出应急处置与应急逃生

　　煤与瓦斯突出能摧毁井巷设施，破坏通风系统，造成人员窒息甚至引起火灾和瓦斯爆炸。煤与瓦斯突出前大多都有预兆，如能及时准确判断，掌握逃生方法和技能，安全脱险的机会就能大大增加。如某矿发生煤与瓦斯突出，34名矿工被堵在灾区。他们打开压风管路进行供氧自救，通过电话与地面取得联系后，指挥部迅速组织救护力量打通了救援通道，救出了遇险矿工。

一、突出初识

（一）矿井煤与瓦斯突出的无声预兆

（1）煤体松软层理乱，煤尘增大煤变干。

（2）底板鼓起地不平，顶板出现断裂层。

（3）支架变形现掉渣，煤壁外鼓片帮生。

（4）手扶煤壁有震动，夹钎顶钻瓦斯喷。

（5）瓦斯忽大又忽小，风流气味不常寻。

（二）矿井煤与瓦斯突出的有声预兆

（1）煤体深处有劈裂，机枪连发闷雷声。

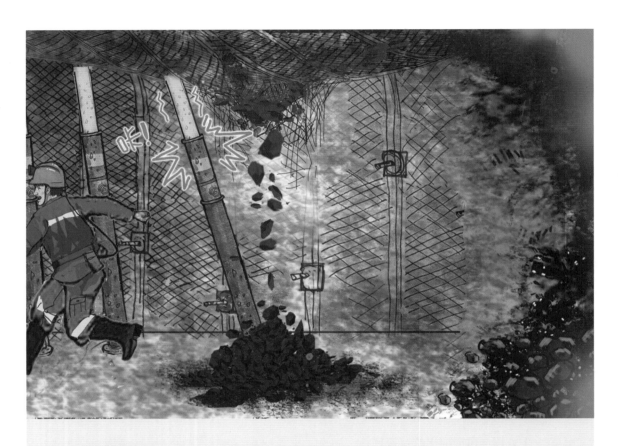

（2）煤层岩层断裂声，支架发出折裂声。

（三）矿井煤与瓦斯突出的危害

（1）动力破坏显效应，设备设施遭破坏。（2）大量煤岩堵巷道，可能瞬间掩埋人。

（3）突出瓦斯遇火源，燃烧爆炸毁矿井。（4）突出瓦斯浓度大，中毒窒息要人命。

二、煤与瓦斯突出应急处置

（1）启动预案：调度室接到报告后，应立即启动应急响应，迅速组织兼职救护队伍开展现场救援，防止事故扩大。

避灾硐室

（2）应急通知：调度室接到灾情汇报后，应通过语音广播系统或通信联络、人员定位、监测监控等安全避险系统，通知受威胁地区的人员进入避难硐室避灾。

（3）**专人通知：**发现突出预兆或发生突出事故时，现场负责人应派专人以最短的安全路线通知无法听到语音报警的零散岗位作业人员，迅速沿避灾路线紧急避险。

（4）**灾区断电**：矿井应保证主要通风机正常运转，保持压风、供水系统正常，远距离切断灾区和受影响区域电源，防止瓦斯爆炸。

　　（5）**两侧对挖**：在抢救采煤工作面被突出物淹埋的人员时，应采取进回风两侧对挖的方法，一组人员在进风侧，另一组人员在回风侧救人。

　　（6）检测瓦斯：在灾区救援时，应派专人检测瓦斯变化情况，并检查矿灯是否完好，且所用工具均应防爆。

（7）**设置风障**：因突出造成风流逆转时，应在进风侧设置风障，并及时清理回风侧的堵塞物，使风流尽快恢复正常。

　　（8）**加大风量**：处理岩石与二氧化碳突出事故时，除执行煤与瓦斯突出的各项规定外，还应加大灾区风量，迅速抢救遇险人员。

（9）**洒水降尘**：清理突出的煤（岩）时，应洒水降尘，防止煤尘大量飞扬。同时，应注意防止产生火花。

　　（10）**佩戴口罩**：清理突出的煤（岩）时，现场作业人员应戴好防尘口罩，防止二次突出的煤粉直接进入鼻腔、口腔而导致窒息。

（11）现场急救：将伤员抬运到安全的新鲜风流地点，如果伤员呼吸停止应进行人工呼吸，如心跳停止应进行心肺复苏。

（12）**固定搬运**：抢救外伤伤员时，应根据受伤部位进行包扎、止血、固定和搬运。

三、煤与瓦斯突出应急逃生

（1）**依法撤离**：采掘工作面发现突出预兆时，现场作业人员要立即停止作业，撤离险区，现场负责人派人以最快的速度通知受威胁区域的人员迅速向进风侧撤离，并就近向矿调度室汇报。

　　（2）关好风门：发现突出预兆或发生突出事故时，必须待全部人员向外撤至防突反向风门之外，再迅速把防突风门关紧关好。

（3）避险自救：撤离中，如不能保证在自救器有效时间内撤退到避难硐室时，遇险人员应首先设法到自救器补给站更换自救器或选择有压风管路的地点进行自救。

　　（4）建造风障：在无法到达自救器补给站或不能安全到达避难硐室的情况下，为防止有害气体侵袭，应在被困地点利用风筒等建造临时风障。

（5）压风自救：在撤离途中受阻时，应及时佩戴自救器，到有压风管路或压风自救装置的地点，打开其阀门避险自救，等待救援。

（6）放置标识：在避难硐室或临时建造的避难硐室紧急避险时，应将矿灯、衣物等标识物，放置于避难硐室外面明显地点，在室内静卧待救。

（7）发出信号：临时避灾时，要通过电话或敲击管路等方式发出呼救信号，但不能用石块、铁质工具敲击管路、钢轨等金属，避免产生火花引起爆炸。

（8）轮流照明：被困待救时，遇险人员要节约体能，计划使用矿灯照明。

（9）**坚定信念**：在压风管路或压风自救装置地点避险时，跟班队长、班组长及有经验的老师傅等，应鼓励大家树立克服困难的勇气和信心。

第五系列 顶板灾害应急处置与应急逃生

　　顶板灾害指在开采过程中矿山压力造成顶板岩石变形超过弹性变形极限，破坏巷道支护导致的冒顶、坍塌、片帮等。冒顶会造成人员砸伤、淹埋和隔堵。冒顶之前，一般会出现预兆，遇险人员如能沉着冷静，有序组织，积极自救，正确避险，一般可以成功脱险。如2012年贵州省普安县某煤矿"7·25"冒顶事故，发生2次冒顶，58人先后被困。遇险人员用编织袋装满矸石、支设木垛等构筑硐室、加强垮塌边缘支护，用手扒矸石打通道，历经97个小时，全部成功脱险。

一、冒顶初识

（一）矿井冒顶预兆

（1）支柱下沉：岩层断裂在下沉，金属支柱有响声。

（2）出现"煤雨"：煤渣矸石在下落，恰似春天雨纷纷。

（3）片帮掉渣：顶板破裂现掉渣，煤层松软压力增。

（4）持续漏顶：破碎伪顶现漏顶，棚顶托空支架松。

（5）支护变形：锚杆锚索被拉断，还有托盘在变形。

（二）矿井冒顶的危害

（1）矿井冒顶会砸人，人员隔堵灾区中。

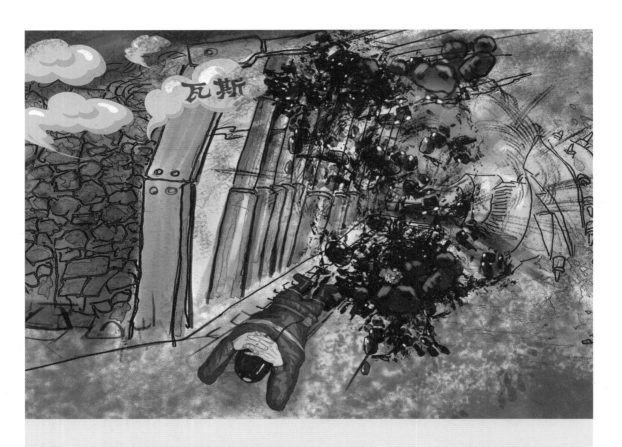

（2）有害气体易涌出，引发爆燃灾祸生。

（三）矿井冒顶的预防

（1）**敲帮问顶**：预防冒顶有方法，学会敲帮来问顶。

（2）顶板完好音清脆，顶板脱离重低音。

二、冒顶应急处置

（1）撤离报告：发生冒顶人员被困后，现场抢救人员应立即就近用电话汇报灾情、遇险人数和计划采取的避灾自救措施。

（2）启动预案：调度室接到灾情报告后，应立即启动应急预案，通知撤出井下受威胁区域人员，迅速组织开展救援，按规定向上级有关部门和领导报告。

　　（3）**开展救援**：矿井负责人应根据灾害情况，在确保安全的情况下，调集井下带班领导和作业队伍及兼职救护队伍，采取一切可能的措施，开展自救互救工作。

（4）迅速组织：根据灾害情况需要，灾害矿井应迅速组织，调集专家、救援队伍及救援装备等进行救援。

（5）**灾区断电：**应切断通往灾区内和冒落地点外侧附近机电设备的电源，防止遇险者触电和其他意外事故的发生。

（6）判断位置：准确判断被困人员位置是有效打通救援通道的关键。在抢救被压埋的人员时，用呼喊、敲击等方法，判断遇险人员位置，与遇险人员联系。

　　（7）**新掘绕道**：工作面两端冒落，把人堵在工作面内，采用掏小洞和撞楔法无法穿透时，可采取另掘巷道的方法，绕过冒顶区或危险区将人救出。

（8）**多法支护：** 冒顶事故发生在掘进工作面，可用木垛法、搭凉棚法等，进行救人。

　　（9）输氧供食：一时无法接近时，应设法利用钻孔、水管及压风管路等设施提供新鲜空气和液体食物。

（10）恢复通风：恢复独头巷道通风时，应将局部通风机安设在新鲜风流处，按照排放瓦斯的措施和要求进行操作。

（11）检查观察：现场负责人应指定专人检查瓦斯和观察顶板情况，发现异常，应立即撤出人员。

（12）恢复呼吸：抢救被煤、矸埋压的人员，首先清理出人员的头部和胸部，清理口鼻污物，恢复遇险人员的呼吸，然后用毯子等衣物给救出的遇险人员保温。

（13）人工急救：如伤员呼吸和心跳非常微弱或刚停止，应迅速进行心肺复苏。心肺复苏要长时间坚持，不要轻易放弃。

（14）**止血包扎：**抢救砸伤的伤员，如有出血，应用指压止血法或将衣服撕成布条进行止血。然后，用围巾或干净的衣服布料包扎。

（15）**固定抬运**：抢救颈椎、腰椎被砸伤的伤员，应使其平躺或平卧，固定受伤部位，千万不要扭曲和弯曲受伤部位，然后使用担架抬运。

（16）**保护眼睛：**对困在井下较长时间的得救伤员，不应用灯光照射他们的眼睛和给予过多饮食，应及时升井送到医院救治。

三、冒顶应急逃生

（1）**迅速撤离**：当发现工作地点有即将冒顶的征兆，且难以采取措施防止时，应迅速离开危险区，撤退到安全地点。

（2）贴帮避险：发现冒顶来不及撤退时，遇险者应佩戴自救器靠煤帮贴身站立，并防止有害气体的伤害。

　（3）**避灾逃生：**发生冒顶事故地点的作业人员及附近人员，应立即佩戴自救器，按照避灾路线进行逃生。

（4）撤离汇报：发生冒顶事故后，现场作业人员在逃离危险区后，应迅速向矿调度室汇报冒顶事故地点、遇险人数和通风设施破坏情况等，并按照应急指令撤离避灾。

　　（5）**有序撤离：** 被隔堵在灾区的人员，应听从指挥，有序撤离，任何情况下都不得各行其是，盲目蛮干。

（6）回风撤人：采煤工作面发生冒顶灾害时，处在回风侧的遇险人员应立即佩戴自救器，选择最近的路线撤退到新鲜风流地点。

（7）**进风撤人：**处在采煤工作面进风侧的人员，也应迅速佩戴自救器迎着新鲜风流撤退到安全地点，防止冒顶涌出大量的瓦斯而导致窒息。

（8）**切忌挣扎**：如遇险人员被大块矸石压住，切忌猛烈挣扎脱险，也不应强拉硬拽，可采用千斤顶、液压起重器等工具把大块岩石顶起，将人救出。

（9）**压风自救**：撤离受阻时，应寻找最近设有压风管路和供水管路的安全地点，打开压风管路阀门，呼吸新鲜空气，同时，稀释灾区的瓦斯等有害气体，等待救援。同时，要注意保暖。

（10）构筑空间：被冒顶隔堵的遇险人员，为防止顶板再次来压，应在垮塌边缘利用现场材料（如编织袋装满矸石、支设木垛等）加强支护，构筑避险空间。

（11）加固支架：加固冒落地点支架，保障被堵人员避灾时的安全。

（12）防止窒息：被困地点若无压风管路或自救装置，在不能确认现场是否有有害气体的情况下，应首先佩戴自救器，防止瓦斯等有害气体造成窒息。

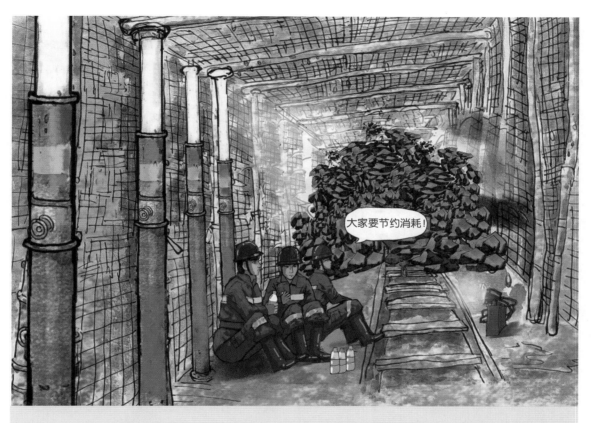

（13）**节约消耗：**被困待救期间，遇险人员要节约体能消耗，并有计划地使用饮水、食物和矿灯等，保持镇定，积极配合营救工作。

（14）**发出呼救：**被困人员应采用一切可用措施向外发出呼救信号，但在瓦斯和煤尘较大的情况下，不可直接用石块或铁质工具敲击金属管路，避免产生火花而引起瓦斯煤尘爆炸。

　　（15）**互相鼓励**：遇险被困人员应团结互助，保持稳定的情绪和良好的心理状态，互相鼓励，树立坚定的获救脱险信念。

第六系列 矿井灾害各种伤员的急救

　　矿井生产和日常生活中，意外伤害和突发急症时刻威胁着人们，因此，只有人人学习急救知识，熟练掌握急救技能，提高现场急救能力，才可能在遇有突发事故时，成为现场挽救伤病人员生命的"第一抢救人"。现场急救的关键在于"及时、正确及有效"。井下作业人员，只有掌握现场急救技能，才能更好地保护自己救助他人。

一、常用急救技术

（一）人工呼吸

1. 口对口人工呼吸法

（1）站好位置：将伤员平躺仰卧，解开衣扣、裤带，施救者应双膝跪在伤员头侧。

（2）清理口腔：施救者双手扳开伤员下颌，使伤员嘴巴张大，清除口中异物。

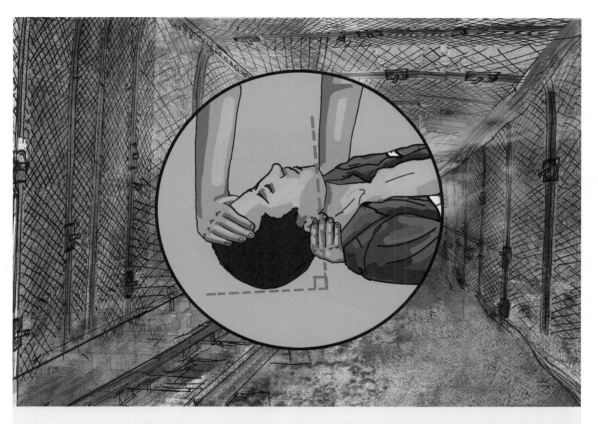

（3）畅通气道：将伤员的头部尽量后仰，再用另一手将头部固定。可用仰头抬颈法或仰头举颏法（脊椎骨折），伤员下颌与耳垂连线和地面垂直，防止舌头下坠。

（4）吹气入肺：施救者深吸气，用手捏紧伤员鼻孔，双唇紧盖伤员口部，吹气 2 次，每次吹气 1.5 ～ 2 秒。

（5）让气流出：吹气完毕，施救者立刻将头离开伤员，松开捏鼻的手。如此有节律地反复进行，每分钟约吹气 14 ~ 16 次，直至伤员恢复自主性呼吸。

2. 仰卧压胸法

（1）将伤员仰卧，施救者跪在伤员大腿两侧，两手拇指向内，其余四指向外伸开，平放在伤员胸部两乳头之下，借上半身重力压伤员胸部，挤出肺内空气，然后，施救者身体后仰，除去压力，每分钟进行 16 ~ 20 次。

胸外伤或二氧化硫、二氧化氮中毒者，千万不能这样做！

（2）仰卧压胸法不适用于胸部外伤或二氧化硫、二氧化氮中毒者，也不能与胸外心脏按压同时进行。

3. 俯卧压背法

俯卧压背法与仰卧压胸法的操作方法大致相同，只是伤员俯卧，施救者骑跨、跪在伤员大腿两侧。此法较适合急救溺水者。

（二）胸外心脏按压

（1）心前区叩击：施救者采用跪式位于伤员肩与胸侧，左手掌置于伤员心前区，右手握拳在左手背上一般可连续叩击 3 ~ 5 次，每次间隔 1 ~ 2 秒，若不成功应立即放弃，改用胸外心脏按压术。

（2）**按压位置：**施救者将一手掌的根部紧贴在按压部位，另一个手掌放在手背上，使手指脱离胸壁，双手互扣置于伤员胸骨剑突上 2.5 ~ 5 厘米处，或两乳头连线的中间点。

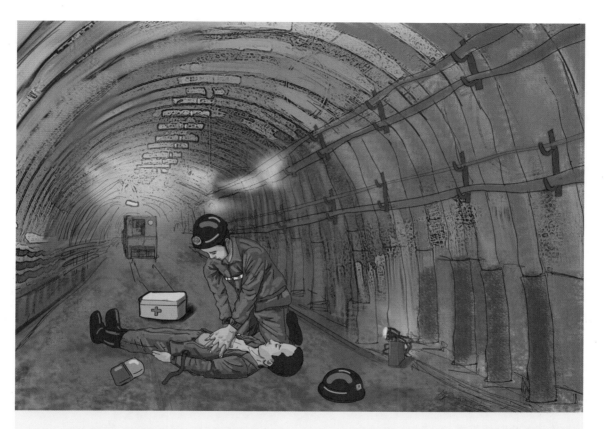

（3）**按压操作：** 施救者应将双臂伸直，双肩与伤员胸骨垂直，向下施压时，压力应直接推到伤员胸骨上，按压幅度在 4 ~ 5 厘米，以每分钟 80 ~ 100 次为适宜。

（三）心肺复苏术

心肺复苏术是胸外心脏按压和口对口人工呼吸法的合并使用。连续吹气 2 次，按压 15 次，为一个周期，2 次吹气的总时间应在 4 ~ 5 秒之内。一般 5 个周期为一个循环。

二、有毒有害气体中毒窒息伤员的急救

（1）抬运伤员：立即将伤员抢运到顶板良好的新鲜风流地点。

（2）安置伤员：将伤员平躺，清除口中异物，解开上衣和腰带，并用衣物保温。

（3）**伤员检查**：施救者用耳和脸部分别听和感觉伤员是否有气呼出。若呼吸停止应立即进行口对口人工呼吸。检查伤员颈动脉或桡动脉 5 ～ 10 秒，如心跳停止，应同时进行胸外心脏按压。

（4）注意事项：对二氧化硫和二氧化氮中毒的伤员，只能进行口对口人工呼吸，不能使用仰卧压胸或俯卧压背法进行施救。

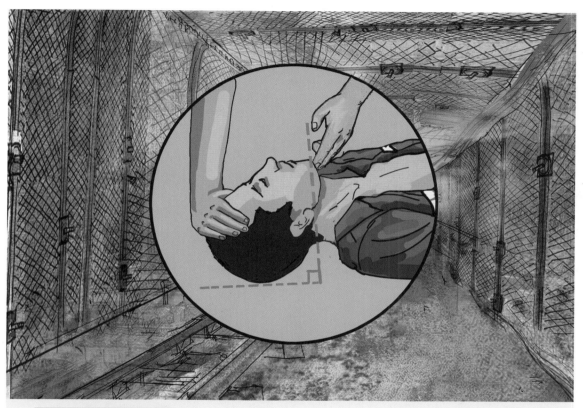

三、溺水伤员的急救

（1）**畅通气道：** 立即将溺水者送至安全地点并注意保暖，首先清除口鼻内的异物，可用仰头抬颈法确保呼吸道的通畅。

防水闸门

　　（2）排出积水：将救起的伤员俯卧于施救者屈曲的膝上，施救者一腿跪下，一腿向前屈膝，使溺水者头向下倒悬，同时用手按压背部排出肺内和胃内积水。

（3）**人工呼吸：**如呼吸停止，应立即改为俯卧压背或口对口人工呼吸法，至少要连续做20 分钟不间断。

（4）**心肺复苏**：心跳停止时，应立即采用心肺复苏术。

（5）向心按摩：呼吸恢复后，可对四肢进行向心按摩，促进血液循环的恢复；神志清醒后，可给温开水饮用，并转运至医院进行综合治疗。

四、触电伤员的急救

（1）脱离电源：立即切断电源，或以绝缘物将电源移开，使伤员迅速脱离电源，防止施救者触电。

（2）检查伤员：将伤员迅速移至通风安全处，解开衣扣、裤带，检查有无呼吸、心跳。若呼吸、心跳停止，应立即进行心肺复苏以及输氧等抢救措施。

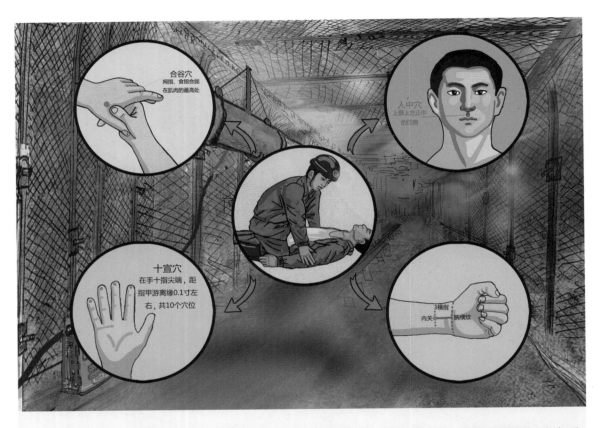

（3）针刺穴位：抢救同时可针刺或指掐人中、合谷、内关、十宣等穴位，以促其苏醒。稳定后，迅速升井，转运至医院进行治疗。

五、烧伤伤员的急救

（1）扑灭余火：迅速将伤员脱离火灾现场，扑灭伤员身上余火。

（2）检查呼吸：对有头面部烧伤的伤员，要先检查有无呼吸道烧伤，如果出现呼吸困难等，应做人工呼吸。

（3）清除余热：有条件时，立即用冷水直接反复泼浇伤面，若有可能可用冷水浸泡 5 ~ 10 分钟，清除皮肤余热，以减轻伤员伤势和疼痛，降低伤面深度。

（4）衣物覆盖：脱衣困难时，应快速将衣领、袖口、裤腿提起，反复用冷水浇泼。用衣物包裹覆盖伤面和全身。

（5）保护创面：衣服和皮肉贴住时，切勿强行拉扯。

（6）**检查症状**：检查有无并发症，如有呼吸道烧伤，面部五官烧伤，一氧化碳中毒、窒息、骨折、脑震荡、休克等并发症，要及时予以抢救处理。

（7）注意观察：转运要快速，少颠簸，途中应随时注意预防伤员窒息和休克的发生。

六、休克伤员的急救

（1）安置伤员：将伤员迅速撤至安全、通风、保暖的地方，松解伤员的衣服，让伤员平卧或两头均抬高 30° 左右，以增加血流的回心量，改善脑部血流量。

　　（2）清除异物：清除伤员呼吸道内的异物，确保呼吸道的畅通。昏迷伤员头应侧向，将其舌头牵出口外。

（3）心肺复苏：呼吸心跳停止者应立即进行心肺复苏。

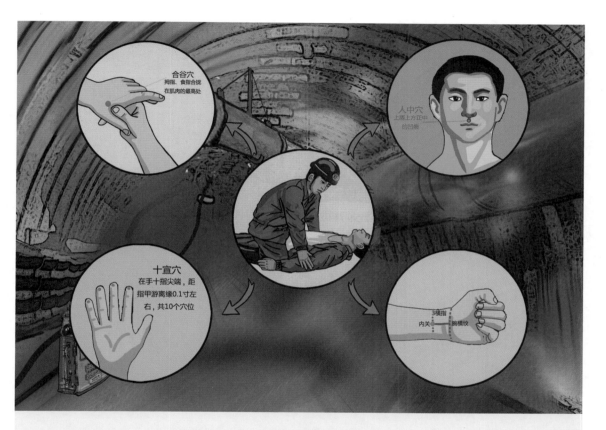

合谷穴
拇指、食指合拢
在肌肉的最高处

人中穴
上唇上方正中
的凹陷

十宣穴
在手十指尖端，距
指甲游离缘0.1寸左
右，共10个穴位

3横指
内关 腕横纹

（4）针刺穴位：伤员昏倒时，可针刺或用手掐人中、合谷、内关、十宣等急救穴位，以促其苏醒。

（5）抬运伤员：经抢救，休克症状消失，伤员清醒，血压、脉律相对稳定时才可运送。昏迷伤员运送时面部应偏向一侧，以防呕吐物阻塞呼吸道。